Kalyani Manjare
Ajinkya Chavan
V. N. Kalkhambkar

Bicicleta eléctrica com regeneração e funcionalidade Cloud Connect

Kalyani Manjare
Ajinkya Chavan
V. N. Kalkhambkar

Bicicleta eléctrica com regeneração e funcionalidade Cloud Connect

Tecnologia EV

Imprint

Any brand names and product names mentioned in this book are subject to trademark, brand or patent protection and are trademarks or registered trademarks of their respective holders. The use of brand names, product names, common names, trade names, product descriptions etc. even without a particular marking in this work is in no way to be construed to mean that such names may be regarded as unrestricted in respect of trademark and brand protection legislation and could thus be used by anyone.

Cover image: www.ingimage.com

This book is a translation from the original published under ISBN 978-620-7-99802-9.

Publisher:
Sciencia Scripts
is a trademark of
Dodo Books Indian Ocean Ltd. and OmniScriptum S.R.L publishing group

120 High Road, East Finchley, London, N2 9ED, United Kingdom
Str. Armeneasca 28/1, office 1, Chisinau MD-2012, Republic of Moldova, Europe
Printed at: see last page
ISBN: 978-620-8-08124-9

AGRADECIMENTOS

Devo falar de várias pessoas e institutos que têm sido de grande ajuda neste crescimento educacional. O Dr. V. N. Kalkhambkar encorajou-me a escolher este trabalho de campo com a sua supervisão e sob orientação. Os seus conhecimentos e a sua coerência são apreciáveis. Assim, o desenrolar deste estudo ajudou-me a terminar o trabalho a tempo.

Estou também muito grato ao Dr. H. T. Jadhav (Chefe do Departamento de Engenharia Eletrotécnica) e ao Dr. V. N. Kalkhambkar (Chefe do Departamento de Engenharia Eletrotécnica) pelos seus preciosos conselhos, e estou-lhes grato pela revisão crítica do trabalho durante os melhoramentos. Estou muito grato a todos os colegas pela sua ajuda durante a realização do programa.

Além disso, o Departamento de Engenharia Eletrotécnica é um ambiente muito enérgico e competitivo. Agradeço aos professores do departamento, aos funcionários docentes e não docentes, à Biblioteca Central e aos colegas.

Por último, mas não menos importante, o meu pai, a minha mãe e a minha cunhada estiveram sempre comigo durante a realização deste trabalho.

Local: RIT, Rajaramnagar

Nome do estudante: Sra. Kalyani D. Manjare

Data:

N.º de registo: 1829010

RESUMO

O Governo da Índia lançou a "MISSION EV" para tornar todos os veículos eléctricos o mais rapidamente possível. No entanto, a principal desvantagem enfrentada pelos fabricantes de automóveis e pelo governo é o obstáculo da duração da bateria e a criação de estações de carregamento. O documento proposto aborda o conceito de veículo elétrico com sistema regenerativo para maximizar a duração da bateria. O conceito proposto envolve o desenvolvimento de uma bicicleta eléctrica com sistema regenerativo que carrega a bateria quando o veículo se desloca utilizando o gerador acoplado à roda dianteira do veículo elétrico. O conceito proposto também envolve um sistema híbrido inteligente de acionamento intermitente para poupar a vida útil da bateria, que monitoriza o estado do veículo elétrico, bem como a sua inércia, e desliga silenciosamente o motor a intervalos regulares, poupando assim a vida útil da bateria ou maximizando-a. Além disso, o veículo elétrico é tornado inteligente através da implementação da ligação à nuvem, uma funcionalidade que permite monitorizar o estado de saúde e outros parâmetros do veículo elétrico e enviá-los para a aplicação baseada na nuvem. Isto ajudará a analisar a e-bike com bastante antecedência antes da avaria e a reduzir o tempo de manutenção da avaria. Além disso, também pode ajudar a notificar automaticamente as autoridades competentes em caso de emergência, como acidentes, utilizando o GPS incorporado

Palavras-chave: Missão EV, regenerativa, híbrida, duração da bateria, inércia, inteligente, ligação à nuvem, GPS, etc.

Índice

ABREVIATURAS

EV	Electric Vehicle
PV	Photovoltaic
GPS	Geographical Positional System
PSM	Power Save Mode
IoT	Internet of Things
MEMS	Micro Electromechanical System
IMU	Inertia Measurement Unit
BLDC	Brushless Direct Current
MCU	Micro Controller Unit
LCD	Liquid Crystal Display
PMBLDC	Permanent Magnet Brush Less Direct Current

Capítulo 1 : Introdução

1.1   Geral

A poluição sonora, a poluição atmosférica e o consumo de combustíveis fósseis, como o petróleo, são o impacto do aumento do número de veículos. As baterias recarregáveis fornecem energia às bicicletas com assistência eléctrica. A potência da bateria, a força motriz, o tipo de estrada, os controlos e o peso da bicicleta são os factores que determinam o desempenho de condução da bicicleta assistida eletricamente. A atividade de bicicletas eléctricas foi levada a cabo com a ajuda de uma disposição melhorada da assistência eléctrica e do binário total de condução a baixo custo.

As estações de carregamento estão a ser instaladas, mas o tempo de carregamento necessário é outro grande obstáculo que dificulta a transição completa para os VEs. O peso elevado das baterias é também um problema para os veículos eléctricos, que são alimentados por uma bateria de iões de lítio utilizada para a tração das rodas. [1-7]

A maior parte das novas bicicletas eléctricas utiliza sensores de potência menos assistidos, o que melhora a capacidade de trabalho da bicicleta. O estudo para investigar o tempo de viagem da bicicleta e a frequência de utilização da bicicleta eléctrica são os factores importantes. Esta investigação ajuda a melhorar a área de investigação da bicicleta eléctrica. Este estudo dá a conhecer a utilidade da bicicleta eléctrica, o período de tempo de viagem e a utilização da bicicleta eléctrica. [8-10]

A energia desempenha um importante critério de decisão na implementação em grande escala dos veículos eléctricos no mundo real. A energia solar fotovoltaica melhora factores como as caraterísticas da produção de eletricidade, a procura de carga e o fator de localização. Quando o carregamento elétrico é fornecido ao sistema híbrido solar fotovoltaico, este é designado por modelo solar fotovoltaico. Na rede, o sistema híbrido sincroniza-se. [11-14] A conversão de um veículo elétrico híbrido em veículo elétrico híbrido plug-in é benéfica para todos os factores de condução. Ao utilizar este tipo de conversão, a energia pode ser extraída da rede eléctrica, mas existem algumas críticas em relação à rede eléctrica. Geralmente, existem perturbações variáveis nos sistemas dinâmicos. Para tornar o sistema de controlo robusto contra as perturbações, utiliza-se o Observador de Perturbações (DOB). [15-18] Neste documento, é introduzido um projeto baseado num sistema e uma chave portátil. A chave portátil pode comunicar com a bicicleta eléctrica. Além disso, o estado do veículo, ou seja, todos os parâmetros do veículo, pode ser acedido pelo utilizador a 50 m de distância da bicicleta. [19-22]

O documento aborda o conceito de bicicleta eléctrica com ligação à nuvem para segurança em caso de emergência. A bicicleta também foi concebida de forma a que a regeneração da potência ocorra a partir das rodas dianteiras com acionamento intermitente. E o veículo está ligado à nuvem, utilizando protocolos IoT para enviar os parâmetros do veículo em tempo real para a nuvem.

1.2 Necessidade

Os veículos com motor de combustão interna necessitam de um combustível de elevada energia específica. Os veículos com motor de combustão interna necessitam de petróleo, que existe na natureza, e o petróleo bruto é limitado na natureza. Hoje em dia, a sensibilidade humana em relação à energia, ao ambiente e à poluição está a melhorar, pelo que este domínio exige investigação. Os fabricantes de automóveis e o governo são o obstáculo à duração da bateria e à criação de estações de carregamento. Mas o carregamento regenerativo aumenta a vida útil da bateria com o sistema de acionamento intermitente.

1.3 Objectivos

1. Desenvolver um veículo elétrico que possa ser alimentado por uma fonte de energia, isto é, tanto humana como eléctrica.

2. Desenvolver um sistema de carregamento regenerativo que aumente a vida útil da bateria.

3. Desenvolver um sistema inteligente de acionamento intermitente.

4. Para implementar um sistema de ligação à nuvem baseado na IoT que envia os parâmetros do veículo para a nuvem.

5. Implementar um sistema de resposta imediata baseado no GPS em caso de situação de emergência.

Capítulo 2 : Revisão da literatura

2.1   Introdução

A Índia está a tentar estabelecer a marca da utilidade eléctrica no sector dos transportes. O avanço do veículo elétrico é uma parte muito necessária da nação. O principal é que pode minimizar o efeito da poluição do ar, que é uma parte considerável do ambiente. Este sector contribui paralelamente para o desenvolvimento de novas tecnologias e avanços, como a energia solar, a utilização de fontes renováveis, a travagem regenerativa e o estudo da gestão da energia.

C. Abagnale [1] Neste documento, todos os testes são efectuados num protótipo de uma bicicleta inovadora movida a energia e também num avanço nas caraterísticas de modelação e gestão de energia. Este teste também avaliou a potência e a energia em condições práticas.

P. Livreri [2] Este artigo apresenta uma visão geral simples dos sistemas de carregamento de baterias sem contacto de bicicletas eléctricas. Além disso, é desenvolvido e montado um protótipo para o carregamento sem contacto de bicicletas, que também é apresentado e descrito. Foi fornecida uma solução brilhante para o carregamento de E-bikes estacionadas.

Nitipong Somchaiwong [3] Este artigo aborda o estudo da estratégia de controlo da potência regenerativa para bicicletas eléctricas. Este projeto não é mais do que um modelo de potência regenerativa. A bateria absorve a energia regenerada que é controlada pelo circuito de controlo da energia regenerativa. Este sistema proposto é de baixo custo e de construção simples.

Matteo Corno [4] Este trabalho apresenta uma bicicleta assistida completamente carregada eletricamente, centrada no sistema de controlo de potência. Este trabalho também contribui para o sistema de controlo, uma vez que é utilizada energia eléctrica assistida por humanos. O corpo humano fornece energia através da conversão da energia química em energia mecânica, mas alterando a sua eficiência, e a capacidade de armazenamento de energia do corpo também é considerada neste sistema proposto.

Bogdan Ciubotaru [5] Este artigo fala de um novo sistema de aviso de velocidade para bicicletas eléctricas (SAECy) baseado em comunicações veiculares. A solução explora as comunicações I2V, nomeadamente a comunicação entre o semáforo (ou seja, a infraestrutura) e a bicicleta, de modo a reduzir o consumo de energia da bicicleta eléctrica e a melhorar a experiência de utilização da bicicleta.

K.H.Nam [6] Este artigo aborda a redução da potência do sensor para ajudar a controlar a moto. A partir deste teste, verifica-se a eficácia das caraterísticas pedelec da bicicleta eléctrica. Melhora a utilidade da bateria e em termos de custo do produto.

Yelda Firat [7] Neste artigo, é utilizado o processo de aprendizagem automática. Utilizando um software de otimização, é desenvolvido um modelo solar voltaico. O sistema híbrido é sincronizado com o sistema de rede e a bateria mensal é carregada, uma vez que o sistema tem capacidade de autodeterminação.

Dia Du [8] Este documento propôs uma modelação da avaliação do ciclo de vida que combina o processo de ACV e a entrada e saída económica da ACV. Isto também reduz a estratégia de não-vicção. A ACV híbrida funciona com um mínimo de informação e tem uma transação mínima de cálculos irrealizáveis em comparação com a ACV de processo.

Vladimir Kindl [9] Este artigo apresenta pormenores de construção e testes laboratoriais de um sistema de acoplamento indutivo magnético. Neste sistema, o carregamento sem fios é utilizado de forma inovadora no carregamento de bicicletas. Também é explicada a utilização de acopladores indutivos magnéticos neste sistema.

Manuele Bertoluzzo [10] Existem dois LEVs instalados em bicicletas eléctricas, ambos com sistemas de propulsão eléctrica diferentes. O primeiro é com um conjunto de baterias e um motor e o segundo com uma célula de combustível que funciona com a ajuda de um supercondensador. E concluiu com ambos os sistemas de propulsão com um ensaio em estrada.

Lu Zhen [11] Este artigo aborda o problema da rotina do veículo elétrico híbrido. Este é concebido com a ajuda de um modelo de programação linear inteira mista. Para resolver este tipo de problemas, foi desenvolvida a Otimização por Enxame de Partículas Melhorada (IPSO) neste sistema. É utilizado para resolver um grande número de problemas.

Jinseong Kim [12] Este artigo utilizou o algoritmo de pesquisa da secção dourada para minimizar a relação entre a engrenagem de deslizamento do motor e o acoplador de binário mecânico. Além disso, utilizou o algoritmo de pesquisa hill-climbing para minimizar o potencial de potência.

S.Ushakumari [13] O documento inclui o principal objetivo do trabalho de recolha de energia eléctrica. O trabalho inclui o objetivo principal de recolha de energia eléctrica, bem como a utilização adequada da energia eléctrica no PMBLDC. Tudo isto foi possível com a ajuda da lógica difusa, que oferece um Tst elevado sem alteração da velocidade, mas com alteração da carga Karan Prajapati [14] Neste documento, fala-se de um carro híbrido que não utiliza energia durante o período de repouso. Desliga-se e utiliza pouca energia a baixa velocidade, em comparação com o carro a petróleo. Uma vez que a poluição é o principal ponto considerável, nem sequer emite o smog. Este automóvel funciona com energia eléctrica a baixa velocidade e utiliza um motor de combustão interna a alta velocidade.

Gordon M S Woo [15] Neste documento, são discutidos em pormenor os parâmetros relacionados com a conversão de HEV em PHEV. A diferença entre a instalação do sistema e o estilo de funcionamento de ambos também foi concluída na ficha de avaliação. Os problemas que surgem com o CLP são eliminados no PHEV.

Roy [16] O impacto ambiental é estudado neste documento através do aumento da produção de bicicletas. Este documento está relacionado com a emissão de CO_2. O documento também calcula o impacto positivo devido à bicicleta eléctrica e aos transportes públicos electrónicos.

Gou Yanan [17] Este artigo aborda um sistema de recuperação de energia. Este sistema converte a energia de travagem em energia eléctrica e essa energia eléctrica recarrega a bateria. Graças a este sistema de recuperação de energia, a quilometragem percorrida é melhorada.

Kang [18] Este trabalho envolve a medição do consumo de corrente do motor. Utilizando a relação entre o binário e a corrente, o comportamento do motor também é observado.

Kulasekara [19] Neste documento é apresentado um projeto baseado num sistema e uma chave portátil. A chave portátil pode comunicar com a bicicleta eléctrica. Além disso, o estado do veículo, ou seja, todos os parâmetros do veículo, podem ser acedidos pelo utilizador do veículo a 50 m de distância da bicicleta.

Dumitrache [20] Os resultados obtidos no artigo são comparados com os de uma e-bike comercial e implementam um rácio de autonomia de alta potência. Também se concentrou em melhorias de hardware de uma forma muito simples com software eficaz, o que proporciona um produto menos dispendioso e fiável.

Reddy [21] Este documento enumera os critérios de conceção, seleção do motor, seleção da bateria e seleção do controlador. Também dá orientações para a conceção do hardware, travões, material utilizado e sistema de suspensão.

Jackeline Rios-Torres [22] Este artigo aborda o estilo de condução, as condições de condução e o consumo de combustível, que pode ser variável. Os condutores individuais com informações adaptadas, com caraterísticas próprias e com estilos de condução conhecidos como consumo de combustível personalizado. A condução volátil é a variabilidade da velocidade e da aceleração.

Liu [23] Neste documento, discute-se a utilização fotovoltaica e a gestão do carregamento de veículos eléctricos. Os serviços de carregamento, troca e estacionamento de baterias de VE são pontos importantes que também são abordados no documento.

Dr. K.V. Vidyanandan [24] Neste documento são discutidos os desafios do sector automóvel: Como reduzir as alterações climáticas? Como reduzir a utilização excessiva de combustíveis fósseis? Também se discute um veículo elétrico amigo do ambiente e melhorias na conceção de motores a biocombustível.

2.2 Formulação do problema

A partir da revisão da literatura, é evidente que muitos investigadores estão a trabalhar com diferentes objectivos de veículos eléctricos com diferentes conceitos. A melhoria da vida útil da bateria é muito difícil. Assim, através da utilização de vários métodos e de baterias eficientes, verifica-se uma melhoria do desempenho da bicicleta eléctrica. Para a segurança da vida humana, a localização da bicicleta também é um fator importante, enquanto a bicicleta enfrenta quaisquer acidentes ou falhas. Para este efeito, a conetividade em nuvem baseada na IoT e a comunicação GPS também desempenham um papel importante.

2.3 Encerramento

Esta literatura apresenta uma bicicleta eléctrica com uma funcionalidade de ligação à nuvem baseada na IoT, que é uma nova funcionalidade. Esta apresenta uma melhor utilidade da energia eléctrica e dos cuidados de emergência. Com uma gestão e um controlo adequados, o VE com conetividade à nuvem torna-se uma das aplicações mais eficazes.

Capítulo 3 : Introdução da E-bike

3.1 Introdução

Como as fontes de energia não renováveis estão a diminuir, o mundo está a avançar para fontes de energia renováveis e limpas. Assim, as bicicletas eléctricas híbridas são mais vantajosas, uma vez que a regeneração também está a ocorrer. Devido à facilidade de manuseamento e controlo da eletricidade, as bicicletas eléctricas estão a avançar. A energia eléctrica é mais útil porque é uma fonte de energia limpa e livre de poluição. A utilização da eletricidade não tem qualquer efeito nocivo no ambiente.

3.2 O que é a E-bike?

A bicicleta é movida por uma fonte de energia armazenada na bateria e que é acoplada ao motor elétrico para a força motriz.

O princípio de funcionamento consiste no facto de a força eletromotriz necessária para acionar a bicicleta de um motor de corrente alternada, cuja potência é recebida de uma fonte de corrente contínua, ter sido convertida com a ajuda de um conversor de corrente contínua para corrente alternada.

Devido a reacções químicas na bateria, a corrente de alimentação produz força motriz que é responsável pela condução da bicicleta. A solução de trabalho contém ácido sulfúrico, que é separado por dois iões positivos (H+) e um ião negativo SO_4 - e ambos são misturados em água H_2O. Como os electrões fluem sempre do lado negativo para o lado positivo quando o circuito está ligado à carga. A partir do terminal neutro é gerado um terminal H+ bivalente carregado positivamente, que se combina com o ião SO_4 bivalente carregado negativamente para formar o sulfato de chumbo. Este resultado deve-se à falta de electrões no terminal negativo.

Devido ao fornecimento de electrões, é gerado um terminal positivo bivalente no lado positivo a partir do terminal positivo quadravalente. É gerada uma associação de SO_4 -, o que impede a associação de O_2 , que tende a formar $PbSO_4$. O eletrólito que continha O_2 e H é libertado em conjunto e associa-se para criar água responsável pela redução da massa de ácido contida no recipiente da bateria. Devido à alteração operacional da conversão e amplificação de CC para CA, a forma de onda CC não está presente na sua forma mais pura. Está presente alguma quantidade de parte AC. Com a ajuda do circuito amplificador, a corrente CA é amplificada. Para a condução do circuito com a ajuda do condensador, a corrente amplificada é enviada para o estator do motor CA. Assim, o condensador utilizado desempenha o papel de armazém de energia eléctrica e fornece energia no momento das necessidades.

Devido à força motriz da energia eléctrica, o eixo é acionado e a roda dentada é instalada. O mecanismo de acionamento da corrente roda a roda dentada na qual estão instaladas as outras rodas. Devido à roda traseira, que está instalada na roda dentada traseira, a roda é acionada. Assim, a bicicleta eléctrica move-se graças à energia eléctrica.

A bicicleta eléctrica tem as seguintes vantagens e algumas desvantagens

1. Amigo do ambiente.

2. A eletricidade é mais barata do que os combustíveis fósseis.

3. Requer menos manutenção.

4. funcionamento sem ruído.

5. O governo concede um subsídio.

E há também algumas desvantagens

1. Curtas distâncias para condução

2. A mudança demora muito mais tempo do que a de outras recargas de petróleo.

3. Não estão disponíveis estações de carregamento.

4. O investimento inicial é elevado.

3.3   verão e encerramento

A vantagem da energia eléctrica é que se trata de uma fonte de energia limpa com uma grande força motriz. Devido a essa força motriz, a bicicleta é acionada. Este capítulo apresenta os conceitos básicos da E-bike e o processo de funcionamento da E-bike com a ajuda da bateria. Também foram discutidas as vantagens e desvantagens do sistema, que é uma parte muito útil da análise.

Capítulo 4 : Método proposto

4.1   Introdução

Este capítulo aborda o sistema de bicicletas eléctricas proposto, incluindo a conceção do sistema, a regeneração, o carregamento das baterias e as caraterísticas do motor. A implementação do protótipo de hardware da bicicleta eléctrica proposta com regeneração e caraterísticas de ligação à nuvem é discutida neste capítulo. Como se pode ver no diagrama de blocos, o projeto consiste no conceito de híbrido elétrico regenerativo com ligação à nuvem.

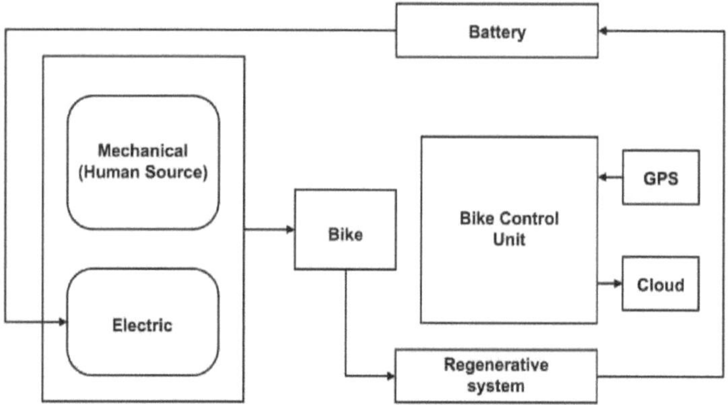

Figura 4.1: Diagrama de blocos

Como demonstrado, o projeto pode consistir no desenvolvimento de uma bicicleta eléctrica que pode ser alimentada por duas fontes: energia humana e energia eléctrica. A inovação é feita na forma como a bicicleta consegue ajudar a reforçar a bateria, monitorizando o estado atual da bicicleta através de sensores MEMS (Micro Electro Mechanical System). A unidade de controlo da bicicleta, como se pode ver na figura acima, monitoriza a inércia da bicicleta utilizando a IMU (Unidade de Medição Inercial) e, quando a bicicleta tem inércia suficiente, é ativado um sistema de disparo intermitente que mantém a bicicleta a funcionar sem utilizar a energia contínua da bateria. Isto ajuda a obter uma melhor autonomia da bateria e, consequentemente, um maior alcance. Além disso, é implementado um sistema de carregamento regenerativo que carrega continuamente a bateria quando a bicicleta está em movimento. A unidade de controlo da bicicleta também está ligada ao sistema de ligação à nuvem, que enviará as estatísticas de saúde da bicicleta para a nuvem e poderá receber ajuda imediata em caso de avaria.

4.2 Dimensões da bicicleta

A estrutura mecânica e as dimensões da bicicleta são as indicadas no diagrama de linhas seguinte. Os veículos são fabricados após a conceção da estrutura mecânica e as dimensões normalizadas são respeitadas.

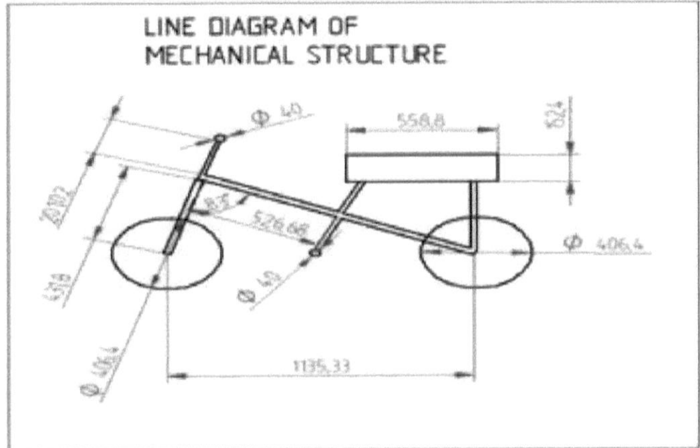

Figura 4.2: Diagrama linear da bicicleta

4.3 Sistema de regeneração de energia

Neste projeto é implementado o sistema de regeneração de energia. O maior problema associado aos veículos eléctricos é a autonomia limitada da bateria. A autonomia da bateria pode ser implementada utilizando o sistema de disparo intermitente por inércia que já está implementado no nosso projeto. Isto aumenta a parte da bateria de reserva. O nosso projeto também implementa o sistema de geração de energia regenerativa. Para este efeito, adicionámos um gerador na parte da frente do veículo e a bateria é ligada ao gerador utilizando o circuito de carregamento. Quando o veículo está em movimento, a energia do pneu traseiro é utilizada para o conduzir. A roda do eixo dianteiro está ligada a outro motor de cubo que actua como gerador, que será utilizado para gerar a energia ou parte da energia perdida na deslocação do veículo e a mesma será utilizada para carregar a bateria. Desta forma, o veículo não só utiliza o sistema de acionamento intermitente por

15

inércia para aumentar a reserva da bateria, como também utiliza o sistema regenerativo para recuperar uma parte da energia.

4.4 Cálculo do projeto (projeto de bicicleta)

4.4.1 Cálculos da velocidade e da regeneração

A adição de três potências, ou seja, a potência necessária para enfrentar o ar *(P Drag)*, a potência necessária para passar sobre o declive *(PHHI)* e a potência necessária para passar sobre o atrito *(PFriction)* é a potência total *(Ptotai)*.

$$P_{Total} = P_{Drag} + P_{Hill} + P_{Friction}$$
$$P_{Hill} = 9.81 \times Vg \times G \times m$$
$$P_{Friction} = 9.81 \times Vg \times Rc \times m.$$

Onde,

G: Declive do declive.

Vg: velocidade ou velocidade superficial.

m: massa ou a carga total do veículo.

Rc: coeficiente de rolamento. Diferentes materiais têm diferentes coeficientes de rolamento.

Existem três casos de condições de condução na Ciência da Bicicleta de Wilson.

Caso 1:

Para ultrapassar a resistência aerodinâmica e uma velocidade superior a 3 m/s, a potência necessária,

$$\text{High speed and flat ground} : P_{Friction} < P_{Drag}, P_{Drag}, P_{Hill} = 0,$$

Caso 2:

Para vencer a resistência ao rolamento e uma velocidade inferior a 3 m/s, a potência necessária

$$\text{Low speed and flat ground} : P_{Drag} < P_{Friction}, P_{Friction}, P_{Hill} = 0$$

Caso 3:

Para vencer a resistência aerodinâmica e a resistência ao rolamento numa inclinação inferior,

$$\text{Low speed and hilly ground: } P_{Drag} < P_{Hill}, P_{Friction} < P_{Hill}$$

4.4.2 Cálculo da bateria (Cálculo do dimensionamento da bateria)

As baterias selecionadas são 3 baterias de 12V, 35AH. As três baterias são ligadas em série para formar um sistema de 36 V que alimenta o motor e a potência nominal:

$$P = V \times I$$

Por conseguinte, a autonomia ou reserva da bateria nominal é dada por,Reserva da bateria = 3,6 horas

Considere uma velocidade constante de 25km/hr. O sistema tem uma autonomia de trabalho de ap- prox.autonomia em kms: 90 Kms com uma única carga

4.4.3   Seleção do motor

Ao calcular a potência e a potência nominal do motor, é possível determinar a capacidade da bateria e a reserva da bateria. Por conseguinte, é calculada a reserva total da bateria. A partir do peso do sistema, calcula-se a força total. Considerando o rácio de engrenagem interna de 11, a potência é de aproximadamente 373 Watt.

Tabela 4.1: Cálculo dos dados

Battery calculation-P=VI	P=36×35=1260 Watt	Battery Backup = Total power / Motor power	Battery backup=1260/350 =3.6 hr.
Off time =Percentage of off time×Battery backup time	Off time =0.3×3.6 = 1.02 hr	Total battery backup = Actual backup of battery+ off time battery backup	Total battery backup= 3.6+1.08=4.68 hr
Weight of system =Weight of the person + Weight of the structural components.	Weight of system = W=70kg + 30kg =100kg	Total Force = F=9.81×W	F =9.18×100 F =981 N
Weight of system =Weight of the person + Weight of the structural components	Weight of system = W=70kg + 30kg=100kg	Total Force = F=9.81×W	F =9.18×100 F =981 N
Motor torque =Force×radius	T=981×400 T=392400N-mm T=392.400 Nm	Motor selection- Power of the motor= 2πNT/60	P=(2×3.14×100×392.4)/60 P=4107.12 W

4.5 verão e encerramento

Neste capítulo, a conceção, a ligação e os cálculos são as partes essenciais de qualquer sistema. Este capítulo abordou o modelo de protótipo proposto e a sua parte de regeneração de energia. Também apresenta as dimensões mecânicas em pormenor. Os cálculos da bateria, os cálculos do binário e os critérios de seleção do motor também foram discutidos em pormenor neste capítulo.

Capítulo 5 : Hardware e software da bicicleta

3.1 Hardware, software e montagem

O modelo completo de montagem é apresentado na imagem abaixo.

Figura 5.1: O sistema implementado

Como mostrado, consiste num veículo elétrico híbrido desenvolvido com ligação à nuvem. As rodas dianteiras geram a energia quando o veículo está em movimento e carregam a bateria. As rodas traseiras são utilizadas para alimentar o veículo. O sistema de ligação à nuvem liga-se ao portal baseado na nuvem para carregar os dados da bicicleta para a nuvem. O sistema de acionamento intermitente Inertia monitoriza a inércia e comuta a mesma para arrancar a bateria de reserva.

Os esquemas de hardware são apresentados de seguida,

Em 5.1 é fornecida uma fonte de alimentação de 5v. O terminal de parafuso PROX é utilizado para a medição da velocidade. A unidade de microcontrolador de nó 32S é o processador de núcleo duplo de 32 bits

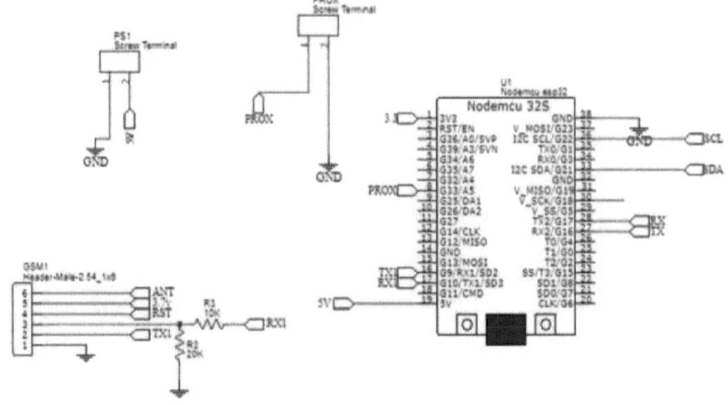

Figura 5.2: Esquema do hardware(a)

com Wi-Fi e Bluetooth de 2,4 GHz incorporados. Tem uma memória flash de 4 MByte .
Em 5.1, o LCD é de 16X2 e é alimentado a 5V. O MCU é o microcc compacto

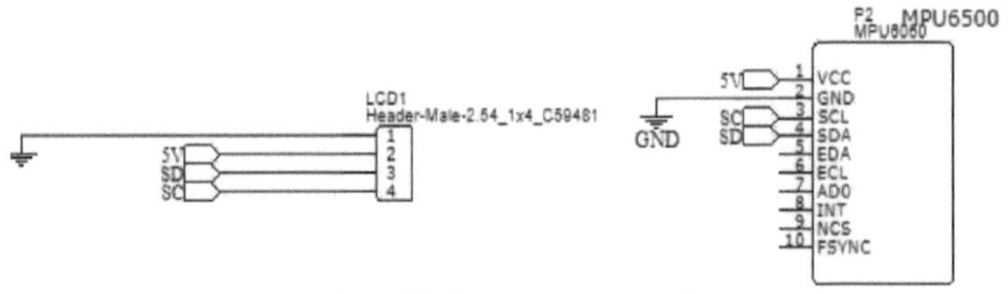

Figura 5.3: Esquema de hardware(b)

O troller tem especificações como Wi-Fi de 2,4 GHz, processador de 32 bits e
conetividade Bluetooth.

Na fig. 8, a antena é do módulo GPS e a fonte de alimentação é de 3,7 V.
Geográfico

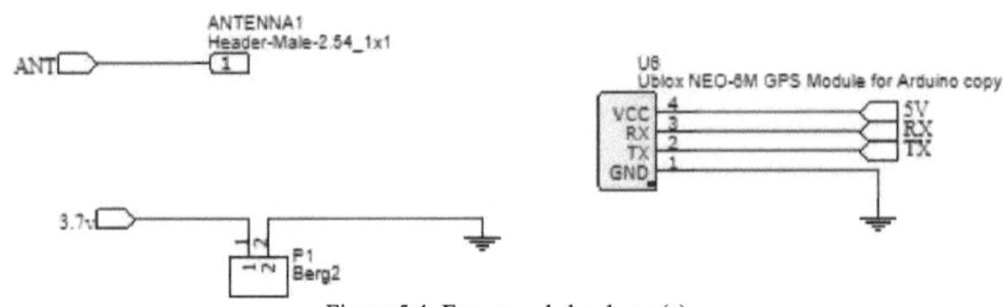

Figura 5.4: Esquema de hardware(c)

O sistema de posicionamento (GPS) pode receber dados de 5 localizações

diferentes num segundo, com um alcance de 2,5 metros de posição horizontal.

Um caso seguinte, tomado em consideração durante o desenvolvimento da parte do
software

do sistema.

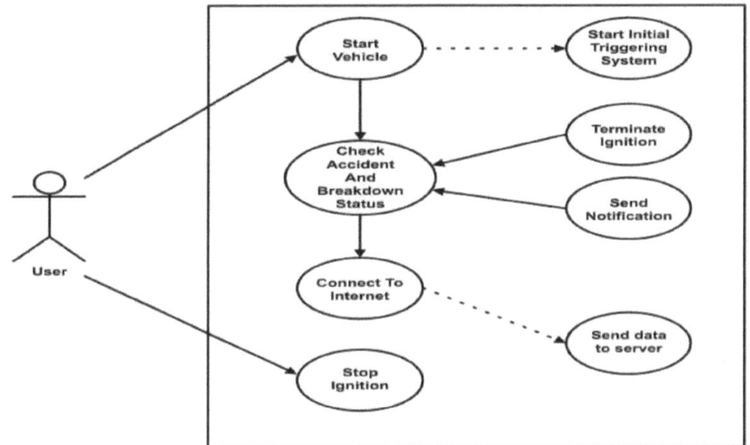

Figura 5.5: Interação entre o utilizador e o sistema

A figura acima sobre a interação entre o utilizador e o sistema desempenha um papel
importante para o novo utilizador. A partir da figura de interação entre o utilizador e
o sistema, o utilizador pode compreender como deve interagir com o sistema. A
aplicação na nuvem é desenvolvida utilizando HTML, bootstrap e PHP. Esta vai
buscar os dados em tempo real à bicicleta e apresenta-os na aplicação baseada em
IOT. O sistema está alojado num servidor na nuvem e pode ser acedido a partir de
em qualquer parte do mundo através da Internet.

A imagem abaixo mostra o sistema de nuvem desenvolvido.

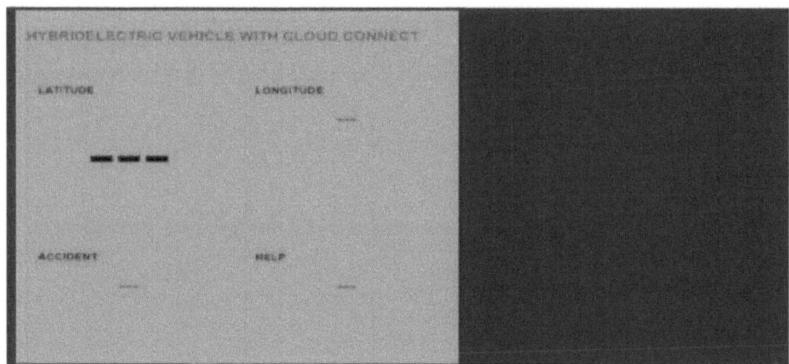

Figura 5.6: Software em nuvem desenvolvido

Em caso de emergência, a posição geográfica exacta é obtida sob a forma de latitude e longitude. O número total de acidentes é automaticamente contabilizado no acidente. E o veículo recebe ajuda consoante a situação.

A figura abaixo mostra o fluxograma da lógica de funcionamento do sistema.

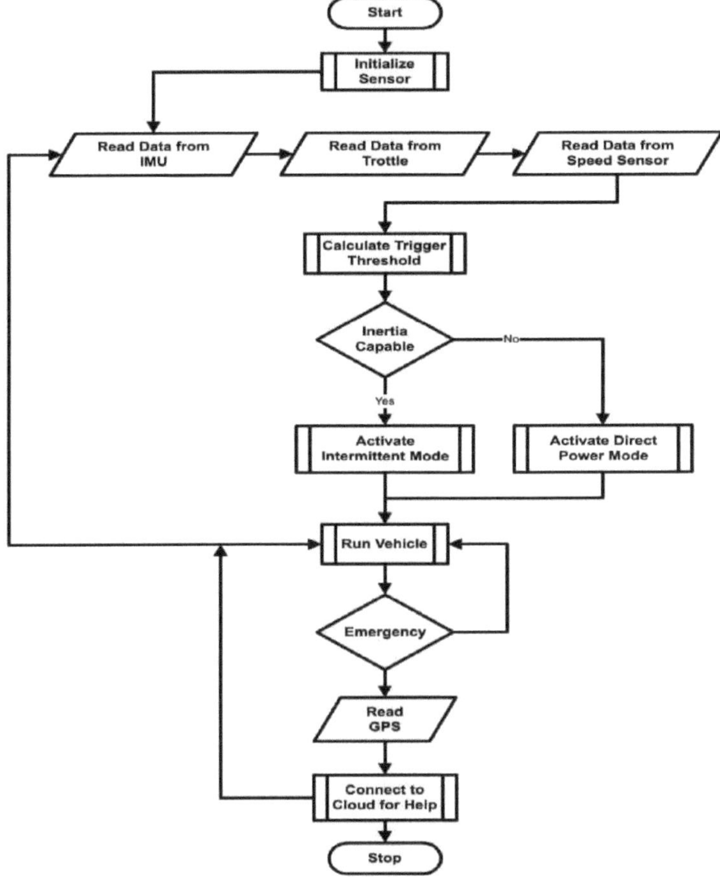

Figura 5.7: Fluxograma

Passo 1- É o arranque do sistema.

Passo 2- Após o arranque do sistema, todos os sensores são inicializados (i.e. unidade de inércia, sensor de velocidade).

Passo 3- Em seguida, a tarefa principal é o cálculo da inércia através das leituras da IMU.

Passo 4- O acelerador é diretamente proporcional à aceleração. Neste passo, o controlador obtém a leitura da IMU (por exemplo, acelerador = 0 significa que o veículo tem velocidade zero e acelerador = 0,5 significa que o veículo tem 50% da velocidade total).

Passo 5- Ler os dados do sensor de velocidade.

Passo 6- Neste limiar acionado, o valor definido para o limiar deste sistema é 35-38

km/h.

Passo 7 - Na capacidade de inércia, verifica se a inércia é capaz de receber a alimentação da roda, activando então o modo intermitente, ou se não é capaz, então a bateria fornece a alimentação através da ativação do modo de potência.

Passo 8- Depois disto, a bicicleta de recolha de dados é executada.

Passo 9- Agora, em condições de funcionamento, ocorrem casos de emergência, o veículo pára e lê a localização por GPS.

Passo 10- E, utilizando a conetividade da nuvem, envia a mensagem para o número de telefone fornecido. Este é todo o processo passo a passo do algoritmo que o utilizador deve conhecer.

3.2   verão e encerramento

Este capítulo apresenta efetivamente a montagem do hardware do modelo proposto. A simulação do hardware é também uma parte importante do projeto. Além disso, a interação entre o utilizador e o sistema desempenha um papel importante para orientar os novos utilizadores. O software ligado à nuvem desenvolvido guarda os registos das localizações actuais, a contagem das condições de emergência e os casos acidentais, o que é importante para a segurança.

Capítulo 6 : Componentes standard

O seguinte hardware e software foram utilizados no projeto.

6.1   Hardware utilizado

6.1.1   Tração eléctrica

O veículo é elétrico, pelo que a unidade de tração eléctrica constitui uma parte importante do projeto. A unidade de tração eléctrica é um sistema BLDC que é utilizado neste projeto. Antes de escolher o sistema BLDC, foi efectuado um breve estudo de mercado sobre os diferentes materiais disponíveis no mercado, os sistemas AC e os sistemas DC. O trabalho de investigação sobre o mesmo é apresentado a seguir. É necessária uma unidade de tração adequada para que o sistema funcione corretamente com a eficiência desejada. Por conseguinte, é necessária uma combinação adequada de unidades de tração para que o robô possa deslocar-se eficazmente em diferentes terrenos. Para isso, foi necessário efetuar muita investigação sobre os motores disponíveis no mercado.

6.1.2   Motores DC sem escovas

Como o nome sugere, este motor funciona com alimentação CC e é um motor CC convencional altamente eficiente. Embora seja altamente eficiente, tem o inconveniente de ter um comutador e escovas que requerem manutenção. A construção do motor BLDC é semelhante à do motor CA, que é conhecido como motor síncrono magnético permanente. O motor de corrente contínua pode ser semelhante a uma máquina síncrona de corrente alterna, mas com um campo estacionário e uma armadura rotativa.

O motor CC sem escovas é a adição de um motor CA de ímanes permanentes e de um comutador eletrónico. O inversor estático fornece a energia ao enrolamento da armadura do motor CC sem escovas. O enrolamento do campo DC é colocado no rotor e a fonte DC

Figura 6.1: Vista superior do motor dc (BLDC)

Neste motor, o número de electroímanes é comutado para a produção de um campo magnético rotativo. Existe um feedback concebido para decidir a posição do pólo magnético que se encontra no rotor. Ainda considerando as vantagens do motor de corrente contínua sem escovas, este motor é utilizado no projeto. Os motores de corrente contínua sem escovas não têm anéis comutadores nem escovas de carvão utilizadas no eixo rotativo dos motores. Na periferia do estator do motor existem 4 ímanes. O estator do motor é configurado pelos electroímanes, o que os torna diferentes dos motores de corrente contínua com escovas, que têm bobinas que constituem os electroímanes fixados no rotor e ímanes permanentes fixados no estator, fornecendo um campo magnético estático, que também utilizam a comutação mecânica através da implementação de escovas de carbono e de um anel comutador fixado no rotor. Os motores BLDC têm muitas semelhanças com os motores de indução AC e os motores DC com escovas em termos de construção e princípios de funcionamento, respetivamente. Tal como todos os outros motores, os motores BLDC também têm um rotor e um estator.

Binário e eficiência

O binário é o parâmetro principal no momento da seleção do motor. Como o binário é a força necessária para rodar o eixo para fazer uma aplicação útil, o binário é diretamente proporcional à força e, para a força, é necessário um íman permanente forte. Além disso, o binário é diretamente proporcional à corrente e à distância entre os ímanes.

Binário (Newton-metro) = Força (Newton) × Aceleração (metros)

A seleção do motor foi a parte mais difícil, pois precisávamos de um equilíbrio perfeito entre a velocidade e o binário. No entanto, um motor de potência demasiado elevada poderia resultar no esgotamento da bateria. Por conseguinte, o motor selecionado foi o motor BLDC de 350 Watt. O motor Hub foi selecionado para tornar todo o sistema compacto. As especificações do motor utilizado são as seguintes:

- Potência nominal= 350 Watt

- Tensão nominal= 36 volts a 48 volts.

- Eficiência do motor= *>83%*.

- Tamanho da jante= 16 polegadas.

- Velocidade= 12 a 28 km/hora.

- Peso do motor= 4,5 kg.

- Carga Peso do motor= 80 a 150 kg.

São utilizados dois motores, um na retaguarda e outro na frente, para o sistema regenerativo.

6.2　Componentes electrónicos

6.2.1 Controlador de velocidade do motor BLDC

O controlador de velocidade ajuda a alterar a velocidade do motor. Uma vez que se trata de um motor sem escovas, é necessário um controlador de velocidade sofisticado. Para este projeto, é utilizado um controlador de velocidade de 48V. O controlador de velocidade tem de ser escolhido de acordo com o motor utilizado no projeto. As especificações do controlador de velocidade são as seguintes Especificações:

- Tensão: 48 Volt

- Potência: 350 Watt

- Acelerador: 1 volt a 4 volt

- Tensão mínima necessária para fazer funcionar o motor: 31,5±0,5 *Volt/42±0,5 Volt*

- Dimensão do controlador de velocidade:*105×65×32mm/4,13×2,56×1,2* polegadas

Figura 6.2: Controlador de velocidade

- Material da caixa: Alumínio

6.2.2 MCU ESP32 WiFi BLE NODE

O ESP32 tem caraterísticas como um custo reduzido, microcontroladores de unidade de potência muito inferior com Wi-Fi composto e facilidade Bluetooth de modo duplo. O ESP32 também foi implementado com o microprocessador Tensilica Xtensa LX6 em variações de núcleo duplo e núcleo único, incluindo antena integrada, interruptores, amplificação de potência, menos ruído no amplificador de receção, filtros. Dispõe igualmente de um módulo de gestão de potência. O ESP32 é fabricado pela TSMC utilizando o seu processo de 40 nm. O ESP32 foi inventado pela Espressif Systems, uma empresa chinesa com sede em Xangai, e é o sucessor do microcontrolador ESP8266.

O ESP32 é o avanço do ESP8266. O ESP32 tem caraterísticas como o processador dual core de 32 bits. Também é construído com WiFi e Bluetooth. Há mais RAM e memória Flash disponíveis nele, há mais pinos de E / S de uso geral e mais ADC.Node MCU ESP32 é o módulo ESP-WROOM-32 em fator de forma amigável para breadboard, que qualquer pessoa pode desenvolver projeto usando este microcontrolador compacto em breadboard.

Caraterísticas:

- O Nó MCU é baseado no módulo ESP-WROOM-32.

- O Node MCU é proveniente do ESP32 DEVKIT DOIT.

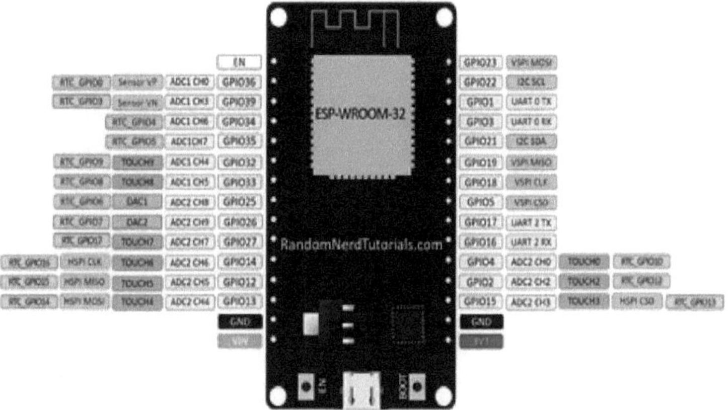

Figura 6.3: Módulo ESP-WROOM-32

- Tem 30 pinos de E/S de utilização geral.

- O ESP32 possui um processador dual core de 32 bits com Wi-Fi de 2,4 GHz integrado e conetividade Bluetooth.

- Tem uma memória flash de 4 MByte .

- Tem uma memória RAM de 520 Kbyte.

- Gama de tensões de funcionamento de 2,2 Volt a 3,6Volt.

- ESP32 utilizado na comunicação em série e também utilizado para depuração em série e para carregar o programa.

6.2.3 Sensor IMU

O módulo sensor MPU6050 tem a capacidade de rastrear movimentos em 6 eixos.

- Esta IMU é composta por um giroscópio de 3 eixos e um acelerómetro de 3 eixos. Além disso, esta IMU inclui o Digital Motion Processor com um sensor de temperatura. Todas estas facilidades de deteção são fornecidas num único chip.

- O magnetómetro de 3 eixos ou o sensor de pressão podem enviar entradas para a MPU 6050 utilizando o seu barramento I2C auxiliar.

- A saída de fusão de movimento de 9 eixos pode ser fornecida por este sensor IMU se estiver ligado um magnetómetro externo de 3 eixos.

Figura 6.4: Sensor IMU

- Este módulo, que utiliza o protocolo de comunicação I2C, pode comunicar com o microcontrolador. O número de parâmetros pode ser encontrado através da leitura de valores que são endereçados no registo, mas com a ajuda da comunicação I2C.

- Ao longo dos eixos X, Y e Z, as leituras do giroscópio e do acelerómetro são obtidas na forma de complemento de 2.

- As leituras de temperatura são dadas em graus Celsius com provisão de sinal e as leituras estão na forma de número inteiro.

- As leituras do giroscópio também são fornecidas na forma de graus por segundo (dps), enquanto as leituras do acelerómetro estão na unidade g e as leituras de temperatura estão em graus celsius.

6.2.4 Bateria

O projeto utilizou 3 baterias para alimentar todo o sistema. As baterias utilizadas no projeto são baterias de 12V.

6.2.5 Modem GPS

Pode efetuar o seguimento de 50 canais até 22 satélites. Atinge o mais alto nível de sensibilidade, ou seja, rastreamento de -161 dB. Funciona com uma corrente de alimentação de 45mA. Apenas este módulo GPS fornece 5 actualizações de localização num segundo na gama de 2,5 m de posição horizontal. Este chip oferece um modo de poupança de energia que é a melhor caraterística. O consumo de energia do sistema também pode ser reduzido selecionando a parte de comutação do recetor. Isto reduz o consumo de energia para apenas 11mA, tornando-o adequado para aplicações como o GPS em pequenos aparelhos.

Figura 6.5: Módulo GPS

No chip GPS NEO-6M, apenas são necessários pinos de cabeçalho com passo de 0,1 polegadas. Neste caso, são apresentados pinos para comunicação com um microcontrolador. Com um baud predefinido de 9600, este módulo tem um baud rate de 4800bps a 230400bps.

Eis as especificações completas:

- Este módulo GPS tem um tipo de recetor de 50 canais, GPS L1(1575.42Mhz)

- Este módulo GPS tem uma precisão de posição horizontal de 2,5 m

- A taxa de atualização da navegação é de 1 Hz a 5 Hz

- O seu tempo de captura: no arranque a frio é de 27 segundos e no arranque a quente é de 1 segundo.

- A taxa de transmissão é de 4800-230400 (predefinição 9600) para comunicação em série.

- A gama de temperaturas de funcionamento é de -40C a 85C

- O intervalo de tensão de funcionamento é de 2,7 Volt a 3,6 Volt

- Corrente de funcionamento até 45 mA

- A impedância TXD/RXD é de 510 Ω

6.2.6   Modem GSM

O chip celular SIM800L GSM é da empresa SimCom. É o coração do módulo. Este modem tem uma gama de funcionamento de 3,4 V a 4,4 V que faz o fornecimento direto da bateria LiPo. Por isso, é a melhor escolha para incorporar no projeto em menos espaço. Este modem é mais vantajoso para ser utilizado no projeto. A deteção automática de baud é uma vantagem importante deste modem. Este módulo tem uma taxa de transmissão de 1200 bps a 115200 bps. Inclui os pinos necessários para a comunicação com um microcontrolador.

Figura 6.6: Chip GSM SIM800L

Para a ligação a um módulo de rede é necessária uma antena externa. A partir do pino NET na placa de circuito impresso, a antena helicoidal e as soldas são colocadas no módulo GSM. Se pretender manter a antena afastada da placa, o conetor UFL também é fornecido.

6.2.7 Ecrã LCD

Figura 6.7: Ecrãs de cristais líquidos

- O ecrã de cristais líquidos é utilizado para apresentar vários parâmetros e o estado do sistema em aplicações de sistemas incorporados.

- O LCD 16x2 tem 2 linhas que podem acomodar 16 caracteres cada. Este dispositivo é de 16 pinos.

- O LCD 16x2 pode ser utilizado em dois modos: 4-bit ou 8-bit.

- Pode ser utilizado para fins de controlo e tem 8 linhas de dados e 3 linhas de controlo.

6.2.8 Microcontrolador ESP32

Especificações:

- RAM : 520 Kbyte

- Memória flash: 4 Mbyte

  - Tensão de funcionamento: 2,2 a 3,6 V.

  - Microcontrolador ESP32 baseado no ESP32 DEVKIT DOIT.

  - Tem 30 pinos de E/S de utilização geral.

  - Tem um processador de núcleo duplo de 32 bits. Este microcontrolador é compatível com a placa de ensaio e também é utilizado para comunicação em série, carregamento do programa e depuração em série.

6.3   verão e encerramento

Este capítulo inclui partes importantes do hardware e do software. Neste capítulo, é apresentado o princípio de funcionamento do BLDC e as caraterísticas do controlador de velocidade do motor BLDC. Os componentes electrónicos são úteis para o controlo e a automatização.

Capítulo 7 : Resultados e conclusões

7.1 Velocidade versus tensão gerada

Tensão gerada à velocidade Mantendo o veículo no descanso, a tensão gerada é medida com um multímetro.

7.2 Leituras do veículo

Estas leituras são da capacidade de pesagem. Com uma carga de 67 kg, o veículo circula a 40 km/h. Sem carga, o veículo circula a 50-55 km/h. O quadro acima apresenta a leitura

Quadro 7.1: Leitura da bicicleta

Load	Km/hr
Without load	50-55 km/hr
With load (one person of 67kg)	40 km/hr

da bicicleta. Sem carga, a leitura da bicicleta situa-se entre 50 e 55 km/h e, se uma pessoa com até 65 kg conduzir, a leitura da bicicleta é de aproximadamente 40 km/h.

7.3 Leitura registada pelo servidor

Como podemos ver, não se perderam leituras e os dados foram efetivamente enviados para o servidor, o que confere fiabilidade ao sistema.

Quadro 7.2: IoT e ligação à nuvem

No of Readings	Time interval	Total time of observation	Readings recorded by server	Readings expected	Efficiency
50	10	8.3 min	48	50	96%

O sistema também foi monitorizado durante 8 minutos para detetar problemas relacionados com a rede e os resultados são apresentados abaixo. O sistema foi monitorizado durante 8 minutos, com 50 conjuntos de leituras, e foi observado o seguinte. A partir da tabela acima, podemos concluir que as leituras estão a ser acionadas para que o servidor atinja 96%. Verificou-se uma perda de 2 leituras em cada 50 leituras registadas. No entanto, esta perda deve-se a um problema de rede. Por conseguinte, espera-se que o sistema funcione a 96%.

7.4 Resultados do software

O sistema foi observado para diferentes leituras e os dados foram registados. A tabela seguinte mostra a eficiência do sistema IOT. Os dados foram testados através do envio de um conjunto de 50 leituras e a fiabilidade foi testada. O sistema foi monitorizado durante 8 minutos, tendo sido efectuados 50 conjuntos de leituras e observado o seguinte. Estas duas leituras do IoT foram efectuadas para verificar a fiabilidade. Assim, está provado que os dados exactos são enviados pelo sistema de ligação à nuvem IoT.

Tabela 7.3: Deteção de posição em caso de emergência e eficiência da IoT

Data	Data set	Readings actually Recorded	Efficiency (%)
Latitude	50	50	100
Longitude	50	50	100
Accident	20	20	100
Help	20	20	100

7.5   Instantâneo do software

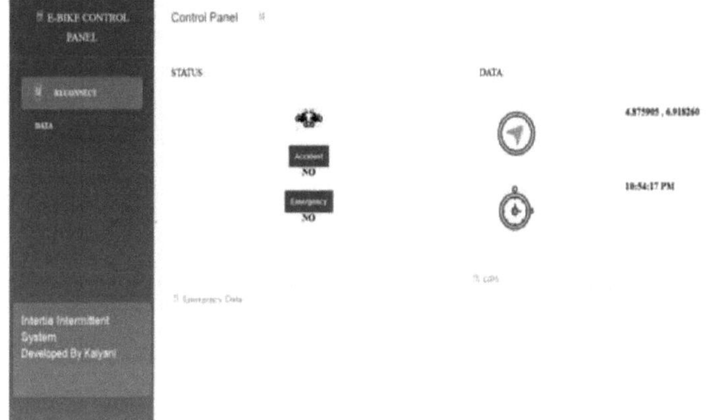

Figura 7.1: Instantâneo do software

A imagem mostra o sistema de nuvem desenvolvido com HTML e PHP. Este sistema vai buscar dados em tempo real à bicicleta e apresenta-os. Este sistema está alojado num servidor na nuvem e pode ser acedido a partir de qualquer lugar. Em caso de emergência, a posição geográfica exacta é obtida sob a forma de latitude e longitude. E a contagem de acidentes aumenta automaticamente. Depois disso, a bicicleta ou o utilizador recebe ajuda

Tabela 7.4: Resultados do software

Sr. No.	Parameter	Description	Value
1	Emergency Support	Max time for support to arrive using IoT system when triggered	4 seconds
2	GPS Accuracy	7 Satellites Lock	5 mtrs
3	GPS Accuracy	>10 Satellites Lock	2 mtrs
4	GPS Accuracy	< 6 Satellites Lock	No /weak signal
5	SMS Notification Time	Time to Get an SMS notification	<10seconds based on network

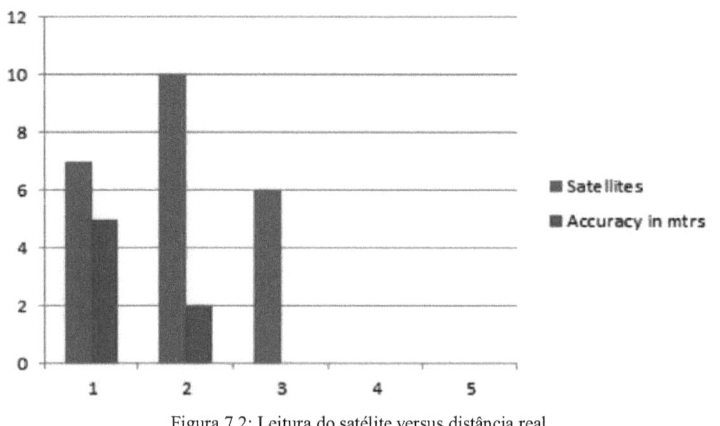

Figura 7.2: Leitura do satélite versus distância real

7.6 CONCLUSÃO

O relatório discute o conceito único de veículo elétrico com ligação à nuvem. O veículo é regenerativo por natureza, o que pode ajudar a aumentar o backup da bateria e fornecer um alcance estendido. O veículo também implementa um conceito inovador de sistema de acionamento intermitente de inércia que cortará a energia do veículo quando não for necessário, fornecendo backup estendido. O sistema de ligação à nuvem ajuda o veículo para se manter ligado à nuvem e resolver os problemas que podem surgir quando o veículo se avaria. Assim, o conceito proposto fornece uma solução completa para os problemas enfrentados pela implementação do VE.

REFERÊNCIAS

[1] C. Abagnale, M. Cardone, P. Iodice, R. Marialto, S. Strano, M. Terzo, e G. Vorraro, "Design and development of an innovative e-bike," *Energy Procedia*, vol. 101, pp. 774 - 781, 2016. ATI 2016 - 71ª Conferência da Associação Italiana de Engenharia de Máquinas Térmicas.

[2] P. Livreri, V. Di Dio, R. Miceli, F. Pellitteri, G. R. Galluzzo, e F. Viola, "Wireless battery charging for electric bicycles," in *2017 6th International Conference on Clean Electrical Power (ICCEP)*, pp. 602-607, 2017.

[3] N. Somchaiwong e W. Ponglangka, "Regenerative power control for electric bicycle," in *2006 SICE-ICASE International Joint Conference*, pp. 43624365, 2006.

[4] M. Corno, D. Berretta, P. Spagnol, e S. M. Savaresi, "Design, controlo e validação de uma bicicleta híbrida paralela com sustentação de carga", *IEEE Transactions on Control Systems Technology*, vol. 24, no. 3, pp. 817-829, 2016.

[5] I. Tal, B. Ciubotaru, e G. Muntean, "Vehicular-communications-based speed advisory system for electric bicycles," *IEEE Transactions on Vehicular Technology*, vol. 65, no. 6, pp. 4129-4143, 2016.

[6] D. Cheon e K. Nam, "Pedaling torque sensor-less power assist control of an electric bike via model-based impedance control," *International Journal of Automotive Technology*, vol. 18, pp. 327-333, 04 2017.

[7] Y. Firat, "Utility-scale solar photovoltaic hybrid system and performance analysis for eco-friendly electric vehicle charging and sustainable home," *Energy Sources, Part A: Recovery, Utilization, and Environmental Effects*, pp. 112, 10 2018.

[8] R.-b. Z. C. W. C.-t. Dai, Du Leng, "Using hybrid modeling for life cycle assessment of motor bike and electric bike," *Journal of Central South University of Technology*, vol. 12, pp. 77-80, 2 2005.

[9] P. R.-Z. M. K. T. . T. P. Kindl, V., "Sistema de acoplamento indutivo para carregamento sem fios de scooters eléctricas: conceção electromagnética e análise térmica", *Electrical Engineering*, vol. 102, pp. 3-12, 2020. ATI 2016 - 71ª Conferência da Associação Italiana de Engenharia de Máquinas Térmicas.

[10] M. Bertoluzzo e G. Buja, "Desenvolvimento de sistemas de propulsão eléctrica para veículos eléctricos ligeiros," *IEEE Transactions on Industrial Informatics,* vol. 7, no. 3, pp. 428-435, 2011.

[11] L. Zhen, Z. Xu, C. Ma e L. Xiao, "Problema de encaminhamento de veículos eléctricos híbridos com seleção de modo", *International Journal of Production Research,* vol. 58, pp. 1-15, 03 2019.

[12] K. G.-. P. Y. I. n. Kim, J., "Dimensionamento de componentes de um veículo elétrico híbrido paralelo utilizando um algoritmo de pesquisa óptima", *International Journal of Automotive Technology*, pp. 743-749, 4 2018.

[13] J. Joy e S. Ushakumari, "Regenerative braking mode operation of a three- phase h-bridge inverter fed pmbldc motor generator drive in an electric bike," *Electric Power Components and Systems,* vol. 46, pp. 1-19, 12 2018.

[14] K. Prajapati, R. Sagar, e R. Patel, "Hybrid vehicle: A study on technology," *International Journal of Engineering Research & Technology, ISSN: 2278-0181,* vol. 3, pp. 1076-1082, 12 2014.

[15] M.-C. M. C. C. Y. . L. J. Woo, G. M., "The conversion of a hybrid electric vehicle into a plug-in hybrid electric vehicle.", *International Council on Electrical Engineering,* vol. 2, no. 2, pp. 178-186, 2012.

[16] M. M. D. . Z. M. T. Roy, P., "Environmental impacts of bicycle production in bangladesh: a cradle-to-grave life cycle assessment approach", *SN Applied Sciences,* vol. 1, n.º 7, pp. 889-902, 2019.

[17] G. Yanan, "Research on electric vehicle regenerative braking system and energy recovery," *International Journal of Hybrid Information Technology,* vol. 9, pp. 81-90, 01 2016.

[18] D. K. Kang e M. Kim, "Determinação da carga rodoviária em veículos eléctricos de duas rodas utilizando a relação binário-corrente do motor de acionamento", *Journal of Mechanical Science and Technology*, vol. 30, pp. 4023-4029, 09 2016.

[19] V. Maleesha Kulasekara, I. Kavalchuk e A. Smith, "Smart key system design for electric bike for Vietnam environment", em *2019 International Conference on*

System Science and Engineering (ICSSE), pp. 451-455, 2019.

[20] F. Dumitrache, M. Carp e G. Pana, "Unidade de controlo eletrónico de bicicletas eléctricas", pp. 248-251, 10 2016.

[21] N. P. K. Reddy e K. V. S. S. V. Prasanth, "Next generation electric bike e-bike," in *2017 IEEE International Conference on Power, Control, Signals and Instrumentation Engineering (ICPCSI)*, pp. 2280-2085, 2017.

[22] J. Rios-Torres, J. Liu, e A. Khattak, "Consumo de combustível para vários estilos de condução em veículos eléctricos convencionais e híbridos: Integrando as previsões do ciclo de condução com a otimização do consumo de combustível", *International Journal of Sustainable Transportation*, vol. 13, pp. 1-15, 06 2018.

[23] Y. Liu, J. Yang, Y. Wang, Y. Chai, e J. Xu, "Estratégia de gestão de carregamento de veículos eléctricos e troca de baterias com geração fotovoltaica em distritos comerciais", *Electric Power Components and Systems*, vol. 47, n.º 9-10, pp. 889-902, 2019.

[24] K. Vidyanandan, "Overview of electric and hybrid vehicles", *Energy Scan*, vol. 3, pp. 7-14, 3 2018.

LISTA DE PUBLICAÇÕES SOBRE O PRESENTE TRABALHO

[1] Kalyani D.Manjare , Dr. V.N.Kalkhambkar," Regenerative Electric Bike With Cloud Connect Feature ", International Journal for Science And Research Technology (IJSART Volume 6), Issue 10 OCTOMBER 2020.

Junte-se aqui à cópia aprovada da sinopse.

Nome do estudante: Sra. Kalyani Dattatraya Manjare

(Número de registo-1829010)

Endereço do proprietário: H No. 163, Perto do Campus SGM,

A/p Hasurwadi, Tal.Gadhinglaj,

Dist. Kolhapur, 416506.

Endereço de correio eletrónico: kac11sgm@gmail.com

Número de contacto: 9130083834

Data de nascimento: 11 de agosto de 1993

Menina. Kalyani D.Manjare estudou Engenharia Eléctrica na Universidade Savitribai Phule em 2015. Ela estudou Mtech em Sistema de Energia no Instituto de Tecnologia Rajarambapu, Islampur. Sua tese de mestrado relacionada à bicicleta elétrica com recursos de regeneração e conexão em nuvem. Ela tem uma publicação de artigo de jornal até a data de sua credencial. Atualmente está a frequentar o curso de mestrado no Instituto de Tecnologia de Rajarambapu, Islampur, no Departamento de Engenharia Eléctrica, sob a supervisão do Dr. Vaiju N. Kalkhambkar, na área de Sistema de Energia.

I want morebooks!

Buy your books fast and straightforward online - at one of world's fastest growing online book stores! Environmentally sound due to Print-on-Demand technologies.

Buy your books online at
www.morebooks.shop

Compre os seus livros mais rápido e diretamente na internet, em uma das livrarias on-line com o maior crescimento no mundo! Produção que protege o meio ambiente através das tecnologias de impressão sob demanda.

Compre os seus livros on-line em
www.morebooks.shop

Printed by Books on Demand GmbH, Norderstedt / Germany